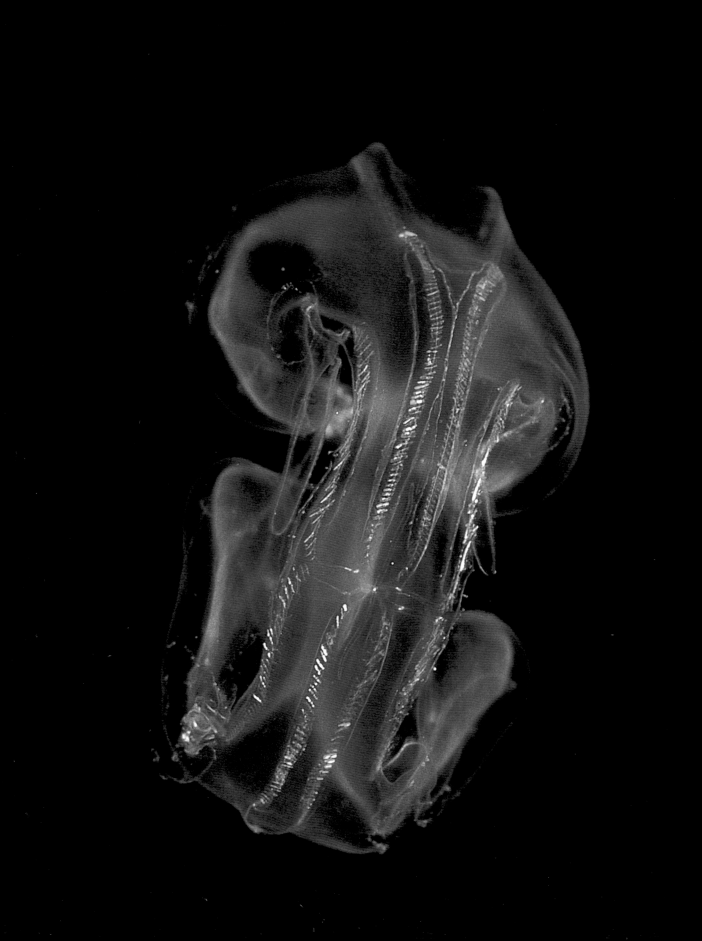

小小少年
潜入无光层
MIDNIGHT ZONE

〔英〕约翰·伍德沃德〔John Woodward〕 著

王薇 译 孙栋 总审阅

海洋出版社

2017年·北京

图书在版编目（CIP）数据

小小少年. 潜入无光层 /（英）约翰·伍德沃德（John Woodward）著；王薇译 . -- 北京：海洋出版社，2016.12
（探索海洋之极限任务）
书名原文：MIDNIGHT ZONE
ISBN 978-7-5027-9722-5

Ⅰ . ①小… Ⅱ . ①约… ②王… Ⅲ . ①海洋—少儿读物
Ⅳ . ① P7-49

中国版本图书馆 CIP 数据核字 (2017) 第 061345 号

图字：01-2016-8212

策　　划：高显刚
责任编辑：杨海萍
责任印制：赵麟苏

海洋出版社 出版发行

http://www.oceanpress.com.cn
北京市海淀区大慧寺路 8 号　邮编：100081
北京文昌阁彩色印刷有限责任公司印刷　新华书店发行所经销
2017 年 5 月第 1 版　2017 年 5 月北京第 1 次印刷
开本：889mm×1194mm　1/16　印张：3
字数：50 千字　定价：38.00 元
发行部：62132549　邮购部：68038093　总编室：62114335
海洋版图书印、装错误可随时退换

目录

黑色的深海

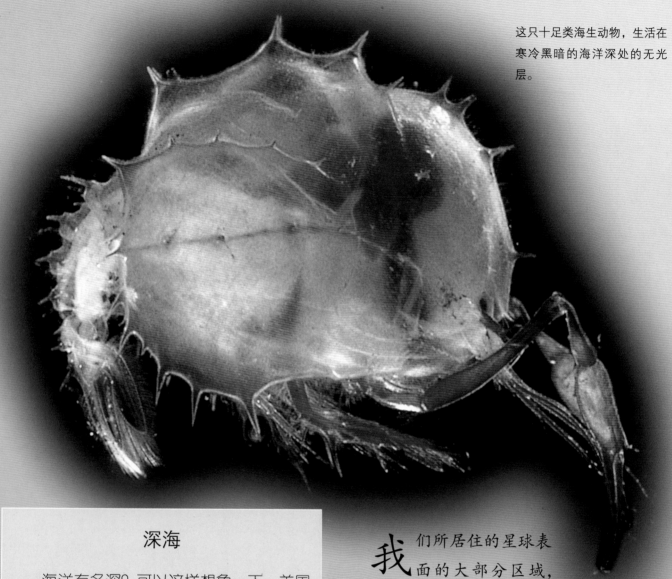

这只十足类海生动物，生活在寒冷黑暗的海洋深处的无光层。

深海

海洋有多深？可以这样想象一下：美国最高的建筑是位于芝加哥的西尔斯大厦，高1454英尺（约443米），海洋的平均深度却超过11 500英尺（约3 500米）。那么8座西尔斯大厦一座叠一座竖起来立在海底，它们才刚刚达到海平面的高度。如果把8座叠起来的大厦放到最深的海沟底部，那就需要超过3倍于它们的高度才能达到海平面！

我们所居住的星球表面的大部分区域，被海洋覆盖着，表面上各区域的海洋看起来非常不同，有些区域的海洋呈现出清澈的深蓝色，如南太平洋的一些区域；也有其他地区的海洋呈现出灰绿色，如北大西洋的大部分地区。一些海域温暖而平静，而有些海域却总是寒冷而风大浪急。在极地地区，靠近北极和南极的区域，海水被覆盖在流动的冰层之下。

4

然而，在海平面之下的深海区域，全球的海洋却没有太大的差别，那里的海水总是非常平静。这是因为，能掀起巨大海浪的暴风对330英尺（约 100 米）深的海水就不起作用了。那里的海水非常冷，因为即使是在赤道两侧的热带地区，太阳最多只能加温到海平面下 800 英尺（约 240 米）深的海水。超过这个深度，热带海洋区的海水和阿拉斯加或北欧的海水温度都是一样冷。

进入黑暗

因为海水成为阳光通过的屏障，深海区也就失去了它的颜色。在大约 600 英尺（约 180 米）深的地方，就只有微弱的蓝色光线，就像你在黄昏感觉到的光亮。因此在真光层下面的这层海水，被称作弱光层。海水越深，蓝色光线就越暗淡。在非常清澈的海水中，到 3 300 英尺（约 1 000 米）的深度可能还会存在最后一点微弱的蓝色光线，然后海水就变成了墨水般的一片黑暗。

这就是深海无光层，它一直延伸到海平面下超过 11 500 英尺（约 3 500 米）深的海底。因此深海无光层的深度比真光层和弱光层加起来的两倍还要多，在有些地方的海洋甚至还更深。在海底的部分区域还有着被称

潮间带

真光层
（海洋上层）

600英尺
（约180米）

弱光层
（海洋中层）

3 300英尺
（约1 000米）

无光层
（海洋深层）
你在这里

海底

为海沟的巨大深渊，有些海沟的深度远远超过 13 000 英尺（约 4 000 米），最深的海沟还超过 33 000 英尺（约 10 000 米）。这些海沟被称之为"超深渊带"，深渊（Hades）的命名来自于古希腊神话中的死亡地狱。

了解更多

这些黑色的无光层大约占据了全球海体的四分之三，超过地球所有生物空间的一半以上，然而我们却对它了解得非常少。如果我们知道一种生物，可能就会有 100 种我们不知道的生物。

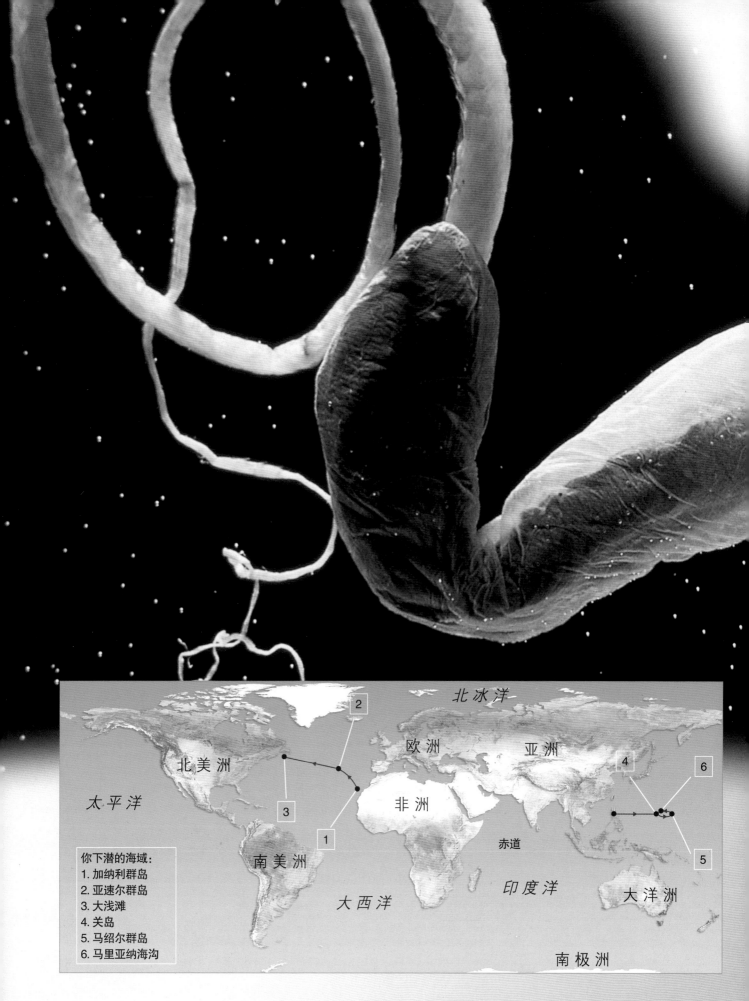

你下潜的海域：
1. 加纳利群岛
2. 亚速尔群岛
3. 大浅滩
4. 关岛
5. 马绍尔群岛
6. 马里亚纳海沟

北冰洋

欧洲　　亚洲

北美洲

非洲

太平洋

赤道

南美洲

大西洋

印度洋

大洋洲

南极洲

你的任务

你将帮助科学家们探索海洋的无光层。你将使用最先进的水下装备，也就是深海潜水器，它们装有强光照明设备和照相机，还装有采集海水和动物样本的机械手和挖掘工具。潜水器的用途就像宇宙飞船，能载着人类去探索像火星表面那样的神秘空间。当然建造这样的设备非常昂贵。

你的探索旅程从西非大西洋的加纳利群岛出发。在旅程中你将会见识深海的无光层是什么样子，也会遇到一些生活在那里的奇异的动物。你还会研究发光生物的奇特外表，会探索动物们怎样找到它们的猎物。

接下来，你将穿越大西洋，来到纽芬兰岛海域的深海中。在那里，你潜入深海，将会看到一艘位于深海无光层的著名的失事沉船。你将会探究，在深海中金属物件会发生的奇特变化。

你会来到热带的太平洋海域，可以比较一下这里的深海世界和寒冷的北大西洋的区别。太平洋也被深海沟所环绕，你有机会探索一下世界上最深的海沟，下降到最深的海底，这里像是地球上最遥远的地方。

深海吞噬鳗生活在深海无光层。它的下颌和胃部连着并且可以伸缩，这种特征使它可以吞咽比自身大的动物。

深水挑战

在你探索深海无光层的任务中，你会用到不同种类的潜水器。这些设备必须能抵抗住海水的压力和接近冰冻的温度，还必须能够向各个方向移动去测量深度和温度。潜水器还可以收集岩石和泥土样本，带回深海的清晰照片。如果潜水器携带人员，还需要携带空气、食物和淡水。潜水器还应该非常舒适，以便人们可以在里面工作数小时。

那么，你怎样建造一艘深海潜水器呢？你最先需要的是一个压力校正的空间，其实这个奇怪形状的空间是一个厚的金属球。每扇门都被压力压得紧紧关闭，窗户是用非常厚而坚固的塑料做成的。所有需要空气的物体，包括人员和电子设备都被放入主球，其他球可以保证人员的空气供应。所有用金属制造的部件都足够坚固以承受海水压力。在水中工作的设备可以放到球体之外，不过这些设备会被一层金属或塑料壳保护起来，不需要像主球那样坚固。

被称为推进器的小型电动机悬挂在外部，一些指向前方和后方，另一些指向侧面或上方和下方，它们可以推动潜水器向驾驶员所需要的任何方向移动。设备前方的机械

流线型设计使得潜水器能在水中快速移动

强光灯的光线能穿透深海无光层的黑暗

臂可以采集样本，并放入样本篮中。

耐压相机

还有一些问题，那就是照明设备怎么安排？它们必须悬挂在潜水器外部，以便照亮海水。但是这些照明设备需要电，灯泡还含有气体，这样它们会遭受海水压力的挤压。

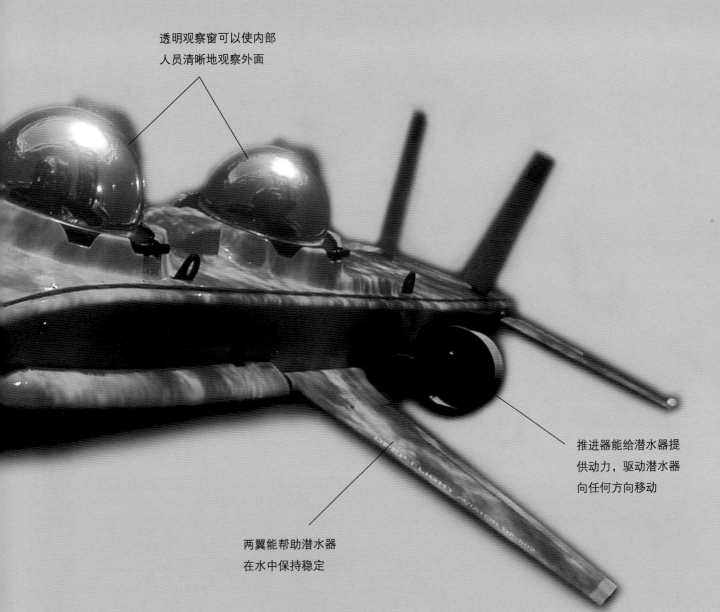

透明观察窗可以使内部
人员清晰地观察外面

推进器能给潜水器提
供动力，驱动潜水器
向任何方向移动

两翼能帮助潜水器
在水中保持稳定

因此照明灯必须非常坚固，并且能够防水。
照相机也有同样的问题，普通防水相机在深
海会被压力挤扁。

　　最后，潜水器还需要一个逃生系统，当
出现意外时，主球体通常可以和潜水器的其
他部分分离，带着里面的人员浮到海面上。

探索深海无光层的唯一途径是使用深
海潜水器。潜水器的这些特征能够帮
助你了解在黑暗的深海中身边发生的
事情。

无光层访客

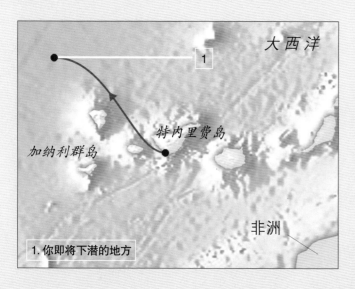

1. 你即将下潜的地方

这是从地球上方的卫星看到的特内里费岛。黑色区域是海洋，那一小块白色是火山的顶端。

特内里费岛是加纳利群岛的一个岛屿，尽管这里气候十分炎热，但有着从大西洋上吹来的凉爽的微风。在特内里费岛上的一个渔港的黄昏，渔船已经准备好开始夜间捕鱼。这里的渔夫们在夜间能捕到更多的鱼，因为很多深海鱼类在夜间会游向海面觅食。特内里费岛是从大西洋海底伸出的一座死火山的顶端，这座死火山超过23 000英尺（约7 000米）高。仅仅在这个岛北面几英里远，海水的深度是13 000英尺（约4 000米）。因此一些夜间游向海面的鱼很可能是来自深海无光层。

你也即将出海，但不是乘坐渔船，而是乘坐"Aquarius"号考察船。船上的科学家正要乘坐深水潜水器研究深海生物。科学家们请你加入他们的行列，于是你决定和他们一起同行。

出海后，你进入潜水器坐在驾驶员旁边。船员从考察船的后部放下了潜水器，然后潜入了海洋。

你可以在海面附近看到大群的鱼在觅食，它们被潜水器的强光照亮。你再下潜一些会看到一些奇特的鱼，它们白天甚至在更深的海里生活。很多鱼自身发着微弱的光。

当你继续下潜，你看到一条大鱼正在被一条小鲨鱼攻击。当你靠近时，鲨鱼游开了，在那条大鱼的侧部留下一个环形的伤口。这是一条雪茄达摩鲨，它用锋利的牙齿从更大的鱼身上撕下肉来吃。鲨鱼向下方游去，它的腹部闪着鲜绿的光，你决定跟着它。

鲨鱼越游越深，你查看深度计，发现已经下潜了3 300英尺（约1 000米）。你确定自己已经下潜到了足够的深度，但是鲨鱼仍旧继续向下游。这是你第一次与来自深海无光层的生物打交道。

这是一条雪茄达摩鲨，它可以游到2英里（约3 200米）深的无光层中。

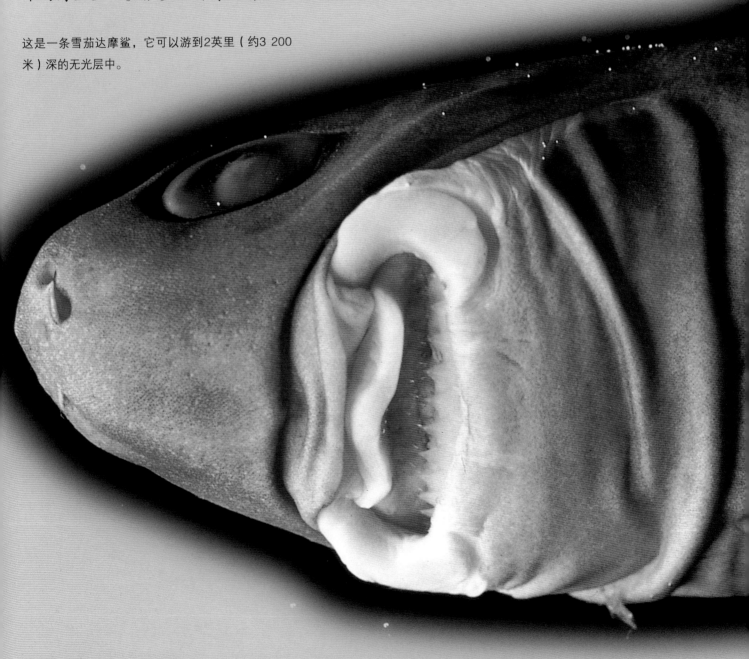

巨大的压力

像这条斑鲷生活在无光层上层的海水中。

水 的重量非常大。试着举起一桶容量为 2 加仑（约 7.5 升）的装满水的水桶，就像举起一桶石头。如果你把海洋想象成一个巨大的水桶，你就知道这肯定是一个大的不可想象的重量。所有的重量都压在海底，并且给深海中的任何物体都加上巨大的压力，好像把它们放在重压下进行挤压。

如果你使用一艘普通潜水器潜入深海无光层，它将会被水的压力压扁。普通潜水器可以下潜到海平面下方的真光层，因为在这里潜水器的上方还没有大量的水体。水量不多意味着水的重量和压力也不会太大，但是越往下潜，水压就会越大。

在特内里费岛附近的下潜过程中，你测量了一下水压。在水下 33 英尺（约 10 米）处，水压是海面处的两倍。但是在 3 300 英尺（约 1 000 米）处，水压就增加到 100 倍以上。如果你深入到最深的海沟处，水压将会达到海面的 1 000 倍。

液体保护

如果在深海中，水的压力可以压扁一艘潜水艇，那么深海的动物，比如雪茄达摩鲨，又是怎样生存的呢？答案是，深海动物的身体绝大部分是由水构成的。水是一种液体，而液体不会被挤扁。一升液体占一升的空间，即使它被很强大的压力挤压。所以动物身体内的水自然形成了压力保护。

压力保护

潜水器的船壁必须非常坚固，保持不被压扁。你坐着的部分（如下图）是一个球状的物体，球形是最坚固的形状。船舱是用一种非常强韧的钛金属制造的，钛金属厚 2 英寸（约 5 厘米）。潜水器的窗户是用比房屋墙壁还要厚的塑料建造的。

潜水器充满了混合气体形成的空气。不同于液体，气体可以被挤压或压缩，从而减少占据的空间。潜水器内部的空气被外部水压压缩，空气被压缩后会占据更少的空间。因此，如果潜水器的金属外壳不够坚固，就会被压爆。

13

冰冷的海水

当你在下潜时测量水压，也会同时测量水温。接近海面的地方水温是 68 华氏度（约 20 摄氏度）。这是一个大多数人设置的家中取暖的温度。但是当你下潜时，水温就会不断降低。

在海面下 660 英尺（约 200 米）处，数字温度计显示 59 华氏度（约 15 摄氏度），这仍然是一个舒服的温度。在 1 000 英尺（约 300 米）深的水下，显示温度是 45 华氏度（约 7 摄氏度）。水突然变得非常冷。你一定不愿意把手置于这种温度

的水中。当你进入 3 300 英尺（约 1 000 米）的深海无光层时，温度计显示温度是 39 华氏度（约 4 摄氏度）。

水温比你穿过水深 600 英尺（约 180 米）到 1 000 英尺（约 300 米）的弱光层时低了很多。在弱光层上方的水层（真光层），海水被阳光加温。弱光层的较低温的水会和上方温度高的海水产生混合。但是在下方，大约 1 000 英尺（约 300 米）的深度，海水就不会混合了。在这个深度之下，海水变得非常寒冷。两个海层之间的边界被称为温跃层。

一艘小型潜水器从考察船侧部下潜到水中。

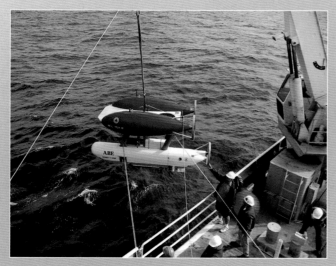

14

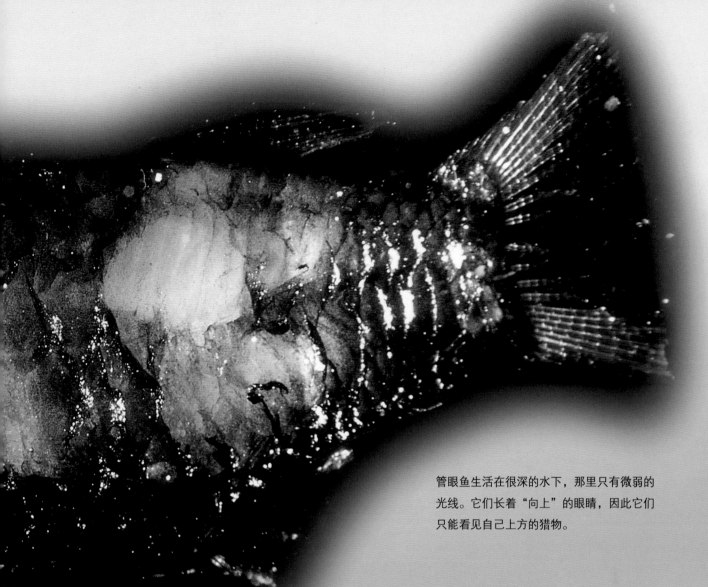

管眼鱼生活在很深的水下，那里只有微弱的光线。它们长着"向上"的眼睛，因此它们只能看见自己上方的猎物。

深海无光层的海水总是非常寒冷，即使是热带海洋的深处。在接近海底的地方，海水温度几乎可以达到冰冻的温度。

水温甚至可以低于 32 华氏度（约 0 摄氏度），这个温度是水的冰点。咸水比淡水在更低的温度下还可以保持液体状态，因为海水是咸水，因此海水比淡水在结冰时温度更低。

冰水流动

还有另一个原因造成无光层的海水非常寒冷。在北冰洋和南极洲，海面结了冰，变成浮动的冰层。冰层下寒冷的海水下沉到海底，然后流向赤道，因此大量的深海无光层的海水是从北极和南极流动过来的。

这种冷水的运动非常有用，深海无光层的冰水可以防止热带海区的海水变得过热。如果海水温度过高，海面上方的空气就会更热，那样人们就会因为热带的温度太高而不能生活在那里了。同时，冷水在接近海面时会携带它吸收的氧气。氧气是空气中的一种成分，人类呼吸靠的就是氧气。深海动物也需要氧气，因此冷水的流动可以增加深海中的含氧量，使得深海动物存活下来。

黑暗之光

栉水母生活在很深的海洋中。人们只能在深海无光层看到它们，因为它们身上散发着光芒。

遇到雪茄达摩鲨的第二天，你便有机会下潜到深海无光层了：考察船上的两位科学家准备下潜到6 600英尺（约2 000米）的深度。因为潜水器可以携带3名人员，于是他们可以带着你一起前往。

在真光层的顶层，海水中的一切生物都被阳光照亮，你可以看到各种颜色的鱼。当你向下潜时，光线就会越来越暗，并变成蓝色。除了蓝色阴影你不会再看到其他颜色。当你最终抵达无光层时，这里看上去根本没有光亮，而你却知道，太阳还在不断地照射着海水表面。

这两只深海鱿鱼大约有人的手掌那么长。

黑暗中的光芒

窗外一片黑暗，科学家们还没有打开潜水器的灯光。这时，一只奇怪的、闪着光亮的物体出现在水中。这是一只深海水母，它的圆形身体闪着红色和蓝色的光芒。

水母游走时就熄灭了光芒，因此它发出光芒可能是因为潜水器靠近的原因。

你又看到了更多的光芒，但不认识它们都是什么，这时一只不同种类的水母正在你的前方发出光芒。当你观察它时，它的触手掉了下来漂走了。触手还在发着光，但是水母却不见了。

这时你意识到这不是触手在发光，而是一只鱼吃掉了这些触手。看来水母是为了逃脱被这只饥饿的鱼吃掉而断掉发光的触手。在你的深海旅程中，你还看见一只深海鱿鱼在游走之前喷出一团发光的雾气。看样子所有这些动物都是在用发光来迷惑敌人的。

生命之光

像水母这样的生物能发出光芒，它们被称为生物发光体。它们发出光芒，通常是因为氧气和一些化学物质混合造成的，比如荧光素和荧光素酶。这种现象源于动物体内的发光腺，动物通过控制这些物质的混合来使得腺体发出光芒或熄灭光芒。这也是萤火虫这种小甲虫发光的方式。

灯光和诱杀

光饵

在黑暗的海水中观察这些奇怪的光芒，还是看不清发生了什么。很多动物并不是全身都发光，所以你看不清它们是什么动物。

对此科学家们找到了答案。他们打开一只小小的聚光灯照亮水里的动物，你还可以看到动物身上发出的自然光芒。突然你明白了将要发生什么。

红色预警

你意识到，窗户前方的小小的红色光亮是一条鱼发出的。这是一条深海龙鱼，它有着长长的、令人生畏的牙齿，眼睛的下方都能发出红色亮光，是用来捕食猎物的。龙鱼主要以红虾为食，这些虾能被龙鱼发出的红光照亮。虾看不到任何红色物体，但龙鱼却可以，它发出红光照亮虾，就可以让自己看到猎物而不把猎物吓跑。

龙鱼身上发出一排红光，它们利用这些红光寻找下一顿美餐。

一会儿你又看见另一种奇特的光芒，一种怪异的暗淡蓝光。你仔细看向这点蓝色聚光，发现蓝光是一条丑陋的黑鱼发出的。光点位于这条鱼的脑袋上伸出的一根棍的顶端，就在它长着长长的牙齿的大嘴上方。

这是一条深海琵琶鱼，它利用发出的亮光吸引猎物。其他鱼被亮光吸引后，会游到琵琶鱼容易捕食的范围内。有鱼游近时，琵琶鱼就会一口咬住它们。因为在这个海洋深度很少还有鱼类生活，用这个办法吸引猎物真是一个好办法，不用亮光要想发现猎物是非常困难的。

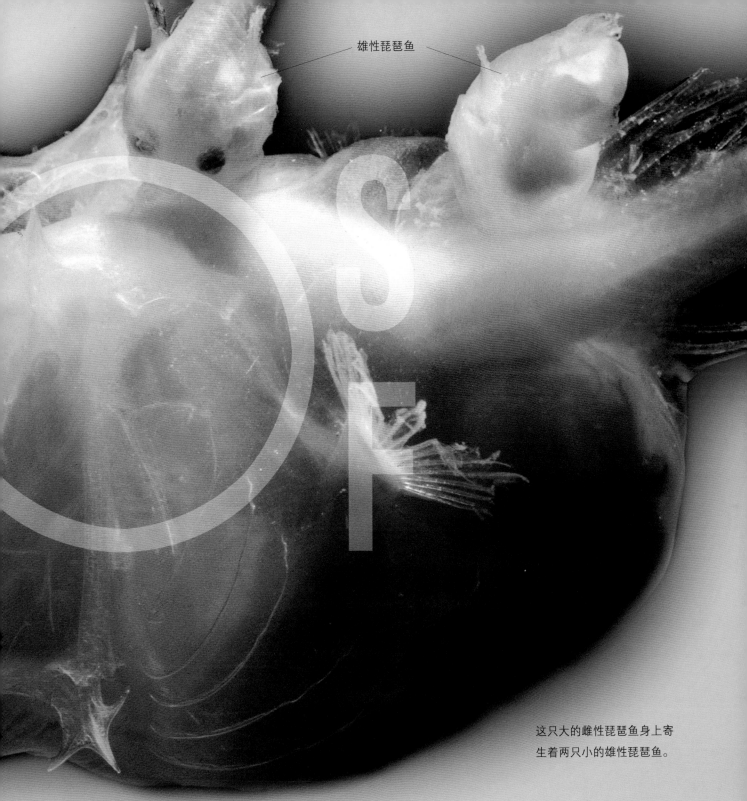

雄性琵琶鱼

这只大的雌性琵琶鱼身上寄生着两只小的雄性琵琶鱼。

奇特的琵琶鱼

　　琵琶鱼的亮光很不寻常，因为它是生存在发光器官中的细菌发出的。琵琶鱼使用捕获的食物供养这些细菌，然后细菌发出亮光。细菌是能发出生物荧光的物质，当生物之间采取这种方式互相帮助，被称为共生。琵琶鱼的不同寻常还有另外一个原因。拥有吸引猎物功能的都是雌鱼。雄鱼比雌鱼要小得多。雄鱼通过牙齿咬破雌鱼皮肤，从而寄生在雌鱼身上，雄鱼吸收的所有营养都是通过雌鱼血液获取的。

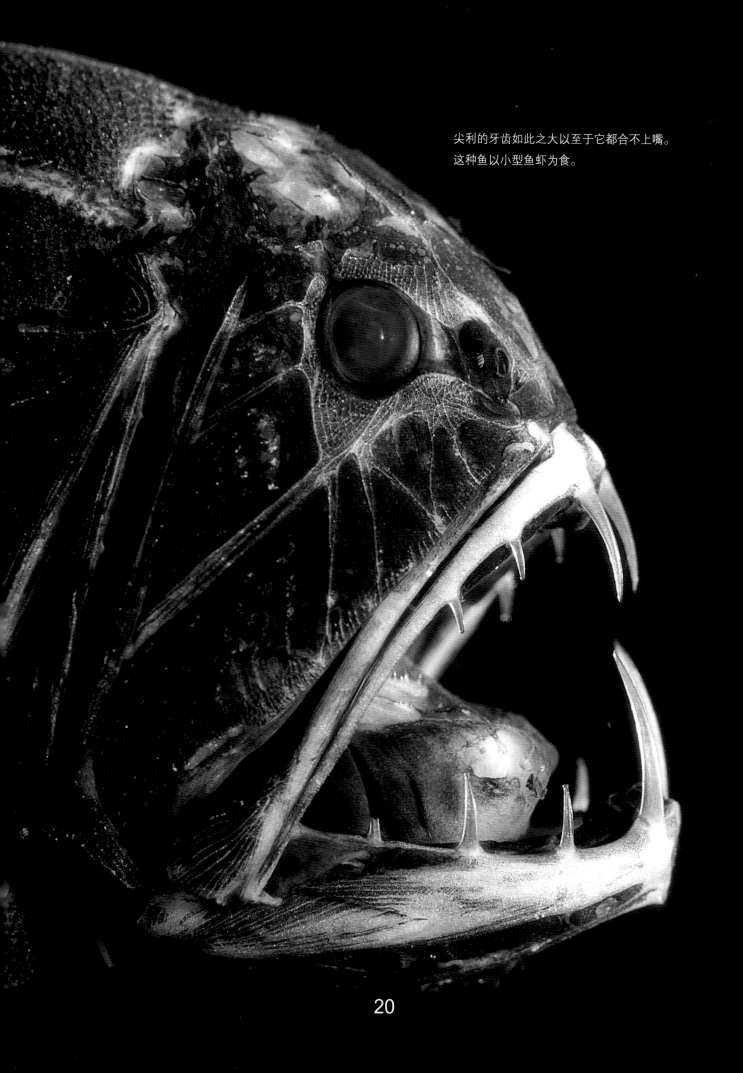

尖利的牙齿如此之大以至于它都合不上嘴。
这种鱼以小型鱼虾为食。

20

的机会能够捕捉到猎物。掠食者必须确保它们捉到的食物不会逃脱。这可以解释为什么这么多的深海鱼类都长着一张大嘴和长长的像针一样的牙齿。由此它们得到了"尖牙鱼"或"柔骨鱼"的名字。

巨大的胃口

深海龙鱼也被称为巨口鱼，它们张开大嘴可以吞下比自己脑袋大得多的动物。很多鱼也长着像气球一样可以伸缩的胃，因此它们可以吞下甚至比自己身体还大的食物！

这种鱼比你想象的小得多。在你下潜前看到的图片上它们显得像个深海巨怪，然而真的深海鱼大多数只有几英寸长。它们长着大大的牙齿和下颌，但是它们的身体却很小。它们的肌肉软弱不发达，鱼鳍也很小，看上

由于在深海中很难获取食物，很多生活在那里的鱼都很小。要是一条鱼有着巨大的身体那就需要更大的食量使得它能存活下去。因此当食物很难获取时，大鱼面临的可能就是死亡。身体小一点，即使捕不到食物也能让自己坚持活得久一点——尤其是在有机会饱餐一顿之后。

端足类生物

成千上万的被称作端足类生物的甲壳动物生活在深海无光层中，它们以吞食从海上沉下来的死去动物的腐肉为生。科学家甚至在海面下深达 35 000 英尺（约 10 600 米）的海沟中发现了端足类生物。

奇异而精彩

当你启程返回海面时，你遇见了一些比之前所见的大得多的动物，但是很难确定它到底是什么。它看上去就像一个巨大的嘴，却根本没有身体。看到它简直就像一个噩梦。

科学家们非常兴奋，因为他们以前从来没见过这种动物的活体。这是一只深海吞噬鳗，它那长长的、黑色的细身体在黑暗的海水中几乎让人看不见。潜水器的灯光照过去，只看到它的巨大的下颌和一对鼻头上方的小眼睛。

当你注视着这只吞噬鳗的时候，它张开了大嘴，于是你知道了它的名字的由来。它的下颌骨特别长，扯着嘴上的皮肤张开，就像撑着一只巨大的黑色袋子。吞噬鳗不仅有一张大嘴，还长了一个有弹性的、可伸缩的胃。它的体长有一个成年人那么高。由于吞噬鳗比大多数生活在深海无光层中的鱼类都大得多，它几乎可以吞下碰到的一切动物。

黑暗中的感觉

吞噬鳗还有一个亲戚叫做囊咽鱼，也非常奇特。囊咽鱼长得和吞噬鳗有点像，不过嘴没有那么大。囊咽鱼甚至可以长得比吞噬鳗还长。它们还有一条可以发出红色、粉色和蓝色光芒的尾巴。

囊咽鱼的身体侧部鼓起，里面容纳着它的感觉器官。这些感觉器官可以探测到周边水压的微小变化。水压的变化常常是在黑暗中游过身边的鱼类引发的，这样囊咽鱼虽然看不见却可以感觉到身旁的鱼。它也许就是依靠这样的感觉寻找食物的。

吞噬鳗长着一张大嘴，在深海无光层中任何被它抓住的鱼虾都不太可能逃脱。

很多深海鱼都使用相同的感觉系统来捕捉猎物，最令人惊奇的当数长毛琵琶鱼。它们的身体上覆盖着头发一样的灵敏的触须。触须可以捕捉到海水最微弱的颤动，使得它在黑暗中能确切地知道旁边发生了什么。

即使在一片幽暗的深海无光层，长毛琵琶鱼都能用它的触须探测到猎物在哪里。

23

海洋下潜

当结束了加纳利群岛附近的下潜，你就可以休息一下了，此时"Aquarius"号考察船正向西北方向穿越大西洋，向加拿大行进。考察船离开了温暖的热带海洋，来到寒冷的北大西洋。

行进途中你在亚速尔群岛停留了一阵。亚速尔群岛位于大西洋洋中脊，这座海岭是绵延在大西洋中部海底的贯通山脉。科学家们计划从这里乘潜水器下潜，你也与他们同行。

沉睡者

潜水器下潜到6 600英尺（约2 000米）深的水下，探寻在海岭的上方有什么动物。如你预料的那样，这里生活着很多会发光的长着长长牙齿的鱼类。不过接下来有一只更大的动物闯入了你的视野，它向一只深海龙鱼游去，一口把深海龙鱼整个吞了下去。这是一条鲨鱼。

你曾经在真光层的浅水中看到过鲨鱼。在这么深的海中看到鲨鱼感觉有些怪异。在深海无光层看到的第一条鲨鱼是一条小雪茄达摩鲨，这次看到的是它的亲戚，名叫睡鲨。它有两辆汽车接起来那么长，这是已知的生活在深海无光层中最大的鱼类。

这么大的鱼是如何在食物这么少的地方生存的呢？你最先看到小雪茄达摩鲨是在比这里浅得多的海水里，这给你提供了一个启示，看起来鲨鱼比其他鱼更容易在海洋中上下浮动。鲨鱼可以到不同的水层里去捕食。在北极的海洋中，睡鲨经常在海面附近捕食，因纽特人有时能穿过冰洞抓住睡鲨。在热带海区它们更愿意在寒冷黑暗的深海无光层栖息。睡鲨比较喜欢寒冷的海水。

鲨鱼的感应

鲨鱼能在黑暗中捕食，是因为它们有着强大的嗅觉。很多深海动物都具备这个特征，但是鲨鱼还有着不同寻常的感觉系统。它们可以感觉到其他动物发出的微小的电信号。当一只鲨鱼在附近捕食，它就会把其他动物都搞得很紧张，从而发出更多的信号，这样鲨鱼就会更容易找到食物。鲨鱼的这套感觉系统非常灵敏，科学家们称之为鲨鱼的电感应。

寻找巨鱿

一位和你一起乘潜水器下潜的科学家是研究深海鱿鱼类动物的专家。她希望自己是第一个看到活的深海巨型鱿鱼的科学家，并能了解它们在哪里捕食。她知道深海巨鱿就生活在这个海区，因为不久前一只死的巨鱿被渔网捞了上来。在观察了一段时间睡鲨后，你们转而去寻找这种巨型鱿鱼。

一只深海巨鱿可以长到60英尺（约18米），这个长度包括它的长触须。它的眼睛就像盘子那么大，是所有动物中最大的眼睛！巨鱿肯定是利用它的大眼球寻找食物的，因此它可能生活在还能透过一些光线的弱光层中。或许它是在深海无光层中猎取发光的动物，但没人确切地知道。

潜水器在黑暗中巡游，期待一些幸运的发现。你的确需要点运气，因为没人知道巨鱿在哪里捕食。与那些被它吃掉的动物不同，巨鱿是不发光的。

巧妙的伪装

你看见有很多虾正在吃从海水中沉下来的食物碎屑。当潜水器的灯光照亮这些虾时，它们看上去成了鲜亮的红色。在深海无光层，红色实际上帮助它们隐藏自己，这是一种保护色。因为在深海中，自然光大多是生物发光体发出的蓝光，在蓝色光亮映衬下，红色的虾看起来成了黑色，就好像周围海水的颜色。红色的虾只能被发出红光的深海龙鱼和潜水器里的人看见。

很多深海生物并不是靠视力捕食的。一只发光的盖缘水母浮来浮去，用它长刺的触手捕获了一只红虾。水母捕获猎物靠的是运气和感觉，它抓到食物可比你发现一只巨鱿还需要有更多的运气。

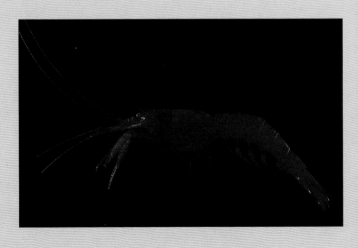

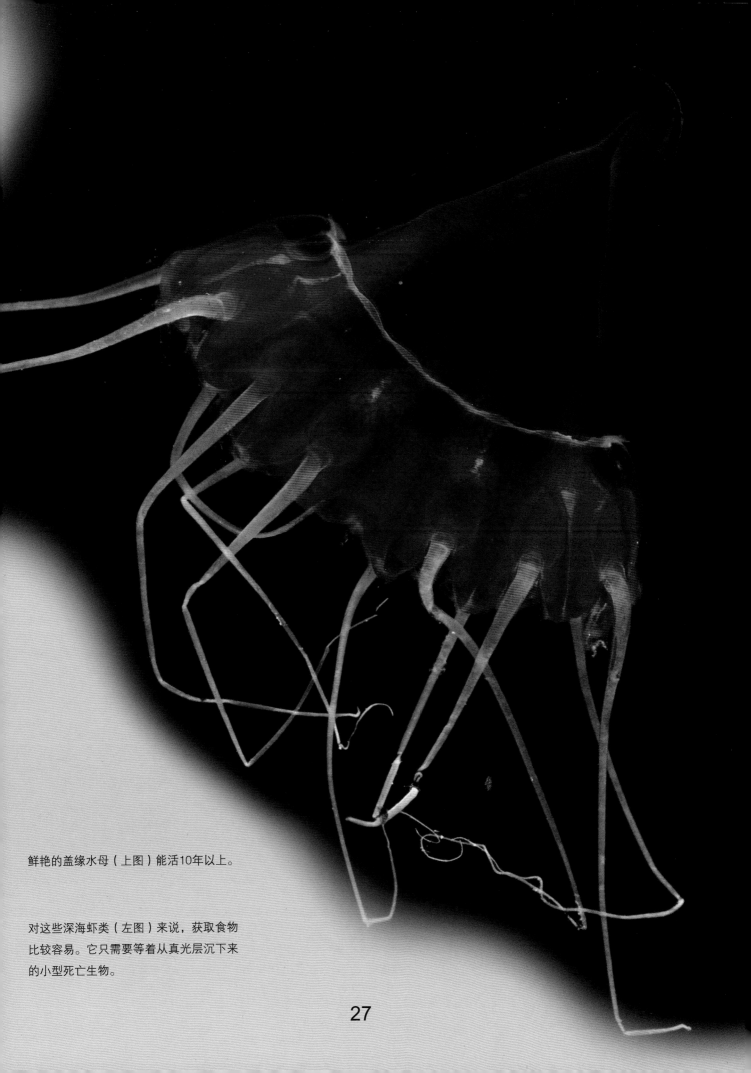

鲜艳的盖缘水母（上图）能活10年以上。

对这些深海虾类（左图）来说，获取食物比较容易。它只需要等着从真光层沉下来的小型死亡生物。

这只深海鱿鱼，超大的眼睛能让它
很好地看到周边的物体，包括食物
和敌人。

鳍和触手

船上这位研究鱿鱼的专家，看来在亚速尔群岛附近没有运气找到巨型鱿鱼了。不过这片海域有很多其他的鱿鱼，各种尺寸的都有，与普通的深海动物生活在一起，有些很大，有些却只有1英寸（约2.5厘米）那么长。它们长着两只长触手，还有另外的8只触手，触手末端生有强有力的吸盘。鱿鱼就是利用触手捕捉鱼和其他猎物的。

穿越深海无光层的过程中，你可以看到很多不同种类的鱿鱼。大多数都比较小，长着很短的触手，游动得也很慢。还有很多看上去好像悬挂在水中，它们这是在等待猎物靠近。一有猎物靠近，它们就用触手抓住。随后，你又看到了一些不一样的动物。

这当然也是一只鱿鱼，不过它长着两只宽大的鳍，好像长着两只翅膀。它也有着长而细的惊人的触手。像其他鱿鱼一样，它也是通过喷水推动自己倒退游动。它长长的触手就像钓鱼线一样拖在身后，整个身体大约有23英尺（约7米）长。这真是一次令人兴奋的发现，因为这种动物在2001年才被人类发现，还没有被命名。

有黏性的伞

过了一会儿，你看到一些长得很像鱿鱼的动物。不过鱿鱼专家告诉你它们是些长着鳍的章鱼。章鱼外表很像鱿鱼，不过它们比鱿鱼少一对触手。

章鱼主要生活在真光层的岩石之间，但那些长鳍的章鱼生活的水层要深得多。它们的8只腕足通过一层薄膜联合在一起，当章鱼伸开它的腕足时，看上去好像张开了一把伞。章鱼总是悬浮在水中，缓慢地扇动着它的鳍，在它身体周围制造出优雅的水波。水波推动着小动物进入它的"伞"，然后这些小动物就会被章鱼嘴周围的黏液粘住。

飞速的鱿鱼和章鱼

鱿鱼和章鱼都属于软体动物，蜗牛和蛤也是软体动物。鱿鱼和章鱼是聪明活泼的生物，它们通过从身体中喷出的水来推动自己游动。有些鱿鱼游得非常快，在真光层，甚至有些鱿鱼能跃出水面，在空气中飞行！

29

在劫难逃的"泰坦尼克"号

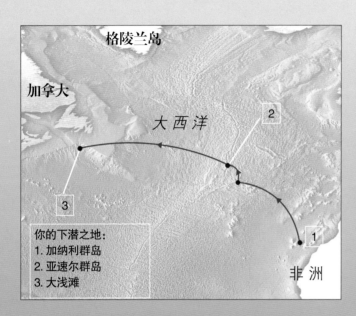

格陵兰岛

加拿大

大西洋

非洲

你的下潜之地：
1. 加纳利群岛
2. 亚速尔群岛
3. 大浅滩

人类很少来到深海无光层，然而人类制造的很多东西却沉落在那里。在海面上失事的船只穿越几千米的海水沉到了海底。你将去拜访一下最著名的失事船只——"泰坦尼克"号。

1912 年，"泰坦尼克"号是世界上最豪华的海洋邮轮。这艘崭新客轮的航程是穿越大西洋，从英国驶往美国，完成它的处女航。4 月 14 日，星期日，临近午夜时，"泰坦尼克"号撞上了冰山。冰山是冰海中的巨型山体，这座冰山是从北冰洋向南漂移过来的。坚冰刺入了船身，使得船体慢慢进水，不断下沉。船上搭载的 2 200 名乘客和船员中只有 705 名生还。"泰坦尼克"号的沉没地点位于纽芬兰群岛东南 453 英里（约 725 千米），

距离大浅滩向南只有几英里远。大浅滩是大西洋中一处只有 1 000 英尺（约 300 米）深的海域，但是"泰坦尼克"号却沉没到了 12 500 英尺（约 3 810 米）的水下，落入了深海无光层。

危险的工作

从亚速尔群岛抵达失事的沉船海域要用三天多的时间，因此你有充足的时间来了解这艘失事的邮轮。失事的船体是在 1985 年 9 月使用远程遥控水下摄像机发现的。人们发现，船体已经断裂成了两半，船体几乎直立地竖在海底的一堆废物中。

在"泰坦尼克"号上方上万英尺的海面上，你乘坐的潜水器正准备下潜。

30

探索失事船只非常危险，因为人很容易被困在锈蚀的船外壳中无法摆脱，还有可能会发生船体倒塌。

失事船只越大，探索工作就越危险，"泰坦尼克"号是最大的失事船只之一。因此，尽管你乘坐潜水器下潜至船的残骸，也要用远程操作工具去观察船体内部。

"泰坦尼克"号的残骸。那些形状像生锈的冰柱一样的物体叫做锈柱。

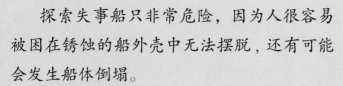

有缆遥控无人潜水器（ROV）

这次研究中使用的有缆遥控无人潜水器是一只盒状的潜水装置，只有16英寸（约40厘米）见方，还不如电脑屏幕大。这个装备有自己的驱动装置和摄像机。潜水器驾驶员在潜水器内部操控它，电子信号通过一根细电线发送给它。这样使得它可以在充满垃圾和废物的船体内移动。

灾难侦查

"泰坦尼克"号残骸上所有的金属表面都覆盖着锈蚀。

当你抵达沉船海域时，那里几乎没什么可看的。此时正是仲夏，海面上没有危险的冰山。你爬进潜水器，开始了去往位于近2.5英里（约4千米）的水下沉船的长时间的下潜。

抵达沉船用了两个半小时的时间，下潜的过程大多数都处在黑暗中。首先你通过真光层。纽芬兰群岛附近的海面覆盖着一层厚厚的浮游生物，这使得海水浑浊不清，阳光很难穿透海水。然后你进入弱光层，那里几乎是漆黑一片。最后，你下潜到了深海无光层。这里几乎没有浮游生物，因为大多数的浮游生物在没有阳光的海水中很难生存。

靠近海底，潜水器驾驶员打开强光灯，向着"泰坦尼克"号的残骸前进。突然，在你的前方，这艘巨大的沉船出现了。

进入沉船

潜水器升高位置来到沉船前部的栏杆上方。这艘失事船只的残骸上生出很长的铁锈样的尖柱，叫做锈柱。你操作潜水器的机械手攫取一部分锈柱，收集到样本篮中。然后潜水器来到船桥，这里应该是当年船长爱德华·J·史密斯在沉船时所站的地方。

这里你需要用到ROV。你操作远程摄像机，通过"泰坦尼克"号破碎的窗户进入到船体内部。这里看到轮船的三个舵轮的其中一个的残留部分，可以想象当时舵轮被猛烈旋转以避免撞上冰山的场景。当时"泰坦尼克"号的船员看到冰山时太晚了，已经无法逃脱撞上冰山的命运。你操作ROV进到船体深处，探寻轮船撞到冰山的部位。

终于找到了撞上冰山的部位。这里你可以看到，轮船的钢板已经弯曲。在船体的侧面没有大洞，只有一些狭长的裂口。这些裂口面积加起来才12平方英尺（约1.1平方米）。也就是说，导致这艘豪华巨轮沉没的海水是从这些裂口中涌入的，这些裂口不到一个浴缸面积的大小。

生锈的废墟

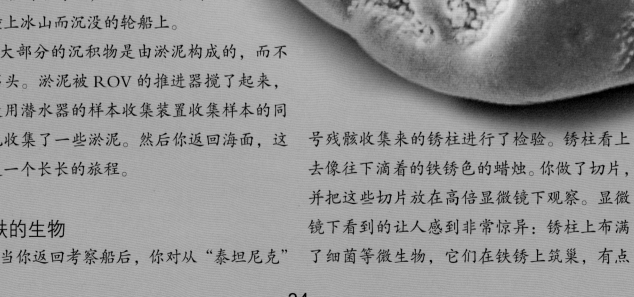

$\mathbf{R}$OV 离开"泰坦尼克"号需要从原路返回。它的发动机搅起了覆盖在船体残骸上的淤泥，搅浑了海水。这样一来就很难操纵ROV和使用远程摄像机。你收回了ROV，决定更近距离地观察一下这些被称为沉积物的淤泥。

你可以看到一些有着尖锐断裂边缘的大石头，这与一般在海底看到的圆形石头不一样。它们是北极被冻在冰川中的石头。冰山从冰川上脱落下来，漂移很远距离来到这里的海洋。当冰山融化后，石头就迅速沉落到了海底，一些石头落到了这艘撞上冰山而沉没的轮船上。

大部分的沉积物是由淤泥构成的，而不是石头。淤泥被ROV的推进器搅了起来，你使用潜水器的样本收集装置收集样本的同时也收集了一些淤泥。然后你返回海面，这又是一个长长的旅程。

吃铁的生物

当你返回考察船后，你对从"泰坦尼克"号残骸收集来的锈柱进行了检验。锈柱看上去像往下滴着的铁锈色的蜡烛。你做了切片，并把这些切片放在高倍显微镜下观察。显微镜下看到的让人感到非常惊异：锈柱上布满了细菌等微生物，它们在铁锈上筑巢，有点

这种叫做有孔虫的微小生物分泌石灰质形成外壳。有孔虫死后，它的壳将沉落到海底。图中这个有孔虫的壳被放大了250倍。

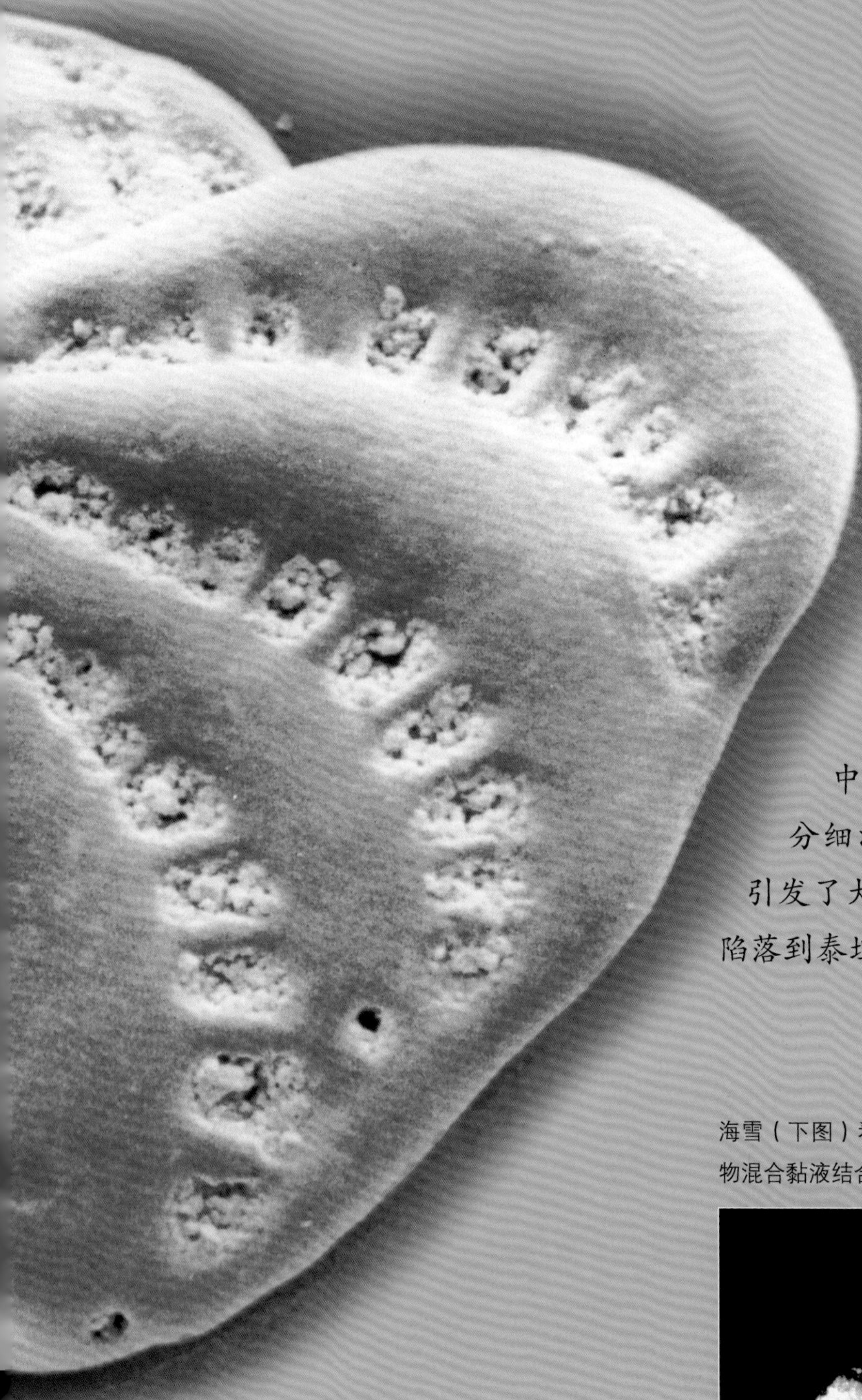

随后你又检验了一下收集来的像面粉一样的沉积物。你把一些沉积物放到显微镜下。大部分是一些细小的沙粒，但还有一些物质看起来像贝壳。它们根本不是真正的贝壳，而是死去的浮游生物的遗体。它们像雪花一样从海水中飘落下来，落在了沉船上。大部分细沙粒来自1929年，那一年的地震引发了大浅滩海底滑坡，使得大量的沙石陷落到泰坦尼克号沉船所在的海底。

海雪（下图）看上去像微小的雪花。它是由微小的死亡浮游生物混合黏液结合而成，这些糖浆样的黏液是由细菌分泌的。

像白蚁堆成一团。

这些深海微生物看起来就像正在"吃""泰坦尼克"号残骸上的铁养料。最终这些微生物会不断腐蚀沉船上的铁，直到这艘巨大的沉船残骸只剩下一堆锈渣子。

太平洋下潜

你花了不少时间探索大西洋下的深海无光层。接下来的任务是进行一次漫长的旅程，把你带到世界的另一边。你将参加一项位于西太平洋的海洋研究。

你在菲律宾的马尼拉上岸，然后向东来到关岛。这里的海洋世界和寒冷的北大西洋不同，这里的海水呈现出漂亮透明的蓝色，五彩斑斓的珊瑚生长在真光层温暖的海水中。不过你可不是来这里观赏珊瑚的，你将要去拜访这里的深海无光层。

关岛是美国的一个海军基地，美国海军正在附近海域测试两个新的深海潜水器。其中一个较大的潜水器，可以在水下呆好几天；另一个潜水器是为了探索这个星球上最深的海沟而建造的。

穿越深渊

你被邀请加入到大潜水器的测试人员中。测试队伍正在准备一次为期三天的穿越关岛附近马里亚纳海沟的旅程。海沟在20 000英尺（约6 000米）的水下，被水下死火山——海山环绕。有些死火山升高的部

海山周边经常有很多枕头似的岩石，被称为枕状熔岩。它们是火山在海底喷发时形成的。滚烫的红色岩石（熔岩）一碰到冰冷的海水，迅速变成了硬石。

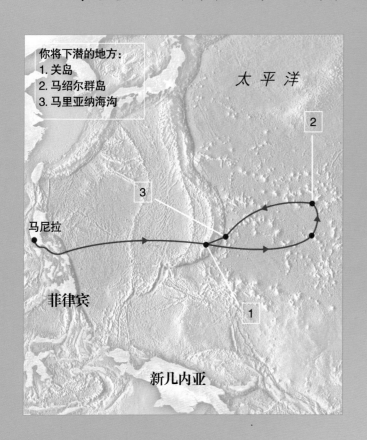

你将下潜的地方：
1. 关岛
2. 马绍尔群岛
3. 马里亚纳海沟

太平洋

马尼拉

菲律宾

新几内亚

分露出海面形成了岛屿，也有一些海山的高度不足以露出海面。从海面上空是看不到这些海山的，很多山从来都没有被标记在海图上。

穿越真光层你一定会被热带太平洋的美丽所眩惑。海水里游弋着大群色彩亮丽的鱼。你还能看到这些鱼正在被威猛的金枪鱼和滑溜的海豚追逐着。

继续下潜，海水变得越来越黑暗和寒冷，海水中的一切看上去都是深蓝色的。这里还有一些光线，属于弱光层，之后海水就完全成为黑暗的了。当你下潜到 16 400 英尺（约5 000 米）深时，就和北大西洋差不多一样了。海水几乎到了冰点，就连奇异的深海生物也和你曾经在北大西洋看到的有些相像了。看来，无论世界上的哪个海域下面的深海无光层都基本是一样的。

这张图展示的是海山从海底隆起的示意图。
海山周围的平地称为深海平原。

擦肩而过

你 返回海面，并登上美国海军的船。船长驾船向东朝着距离1 200英里（约1 900千米）的马绍尔群岛行进。抵达后你又乘坐潜水器下潜了。在这里，海图上除了茫茫海面什么标识都没有。你无法预测又会在深海无光层发现什么。

潜水器通过声呐进行导航。声呐能探测到海底的面貌和水中遇到的物体，并传回信号。声呐信号被输入计算机，在计算机的大屏幕上显示出周边环境的图像。观察屏幕就好像在通过窗户观察着深海世界。

这是一条鼠尾鱼。也许海洋中的鼠尾鱼比世界上的人类数量还要多。

非常重的岩石

突然屏幕上大部分区域的颜色发生了变化，从深蓝色变成了灰色，这是一块立在海底的巨大的岩石。海图标识是错误的，你发现了一座新的海底山脉。船长停下潜水器，

声呐

声呐通过在水下发射声波来工作。当声波遇到物体时就反射回来。声波反射回来得越慢，它发射得就越远。鲸类也是运用这种声呐系统给自己在水中游泳探路从而在头脑中建立起一个对海底世界非常清晰的图像。

缓慢地升高位置，想
看看这座山有多高。
这时你来到潜水器
的前部，通过厚厚
的窗户向外望去。

　　在潜水器的强光照
射下，岩石看起来黑黢黢
的，显得很危险。它由塌下来
的像枕头一样的圆石头构成。潜水器靠近
岩石时，你操作机械手柄采集了一些岩石样
本。当你把这些样本带回船上后，你发现这
些岩石几乎是黑色的，并且非常重。以前你
曾经在亚速尔群岛看到过这种岩石，叫做玄
武岩。这种岩石是构成大部分海底的火山岩。

　　向窗外望去，你发现了一些奇怪的长着
又长又细尾巴的鱼。它们正在倒塌的岩石和
枕头状的熔岩中觅食。这是一群鼠尾鱼。它
们不是黑暗海水中的唯一生物，你还能看见
海葵和许多长有羽毛状触手的棘皮动物，叫
做海蛇尾。不过要研究这种海底生物就要等
到你下次的深海下潜了。

深渊边缘

这只介形虫生活在深海无光层，它与虾和蟹有着亲缘关系。
透过皮肤可以看到这只雌虫正在育卵。

探索完海山后，潜水器船长决定向北行驶，看看还能发现什么。你总共花了一天的时间，在这里发现了 3 座以前没有被发现的海山。然后返回海面，又一次上了海军的军用船。海军舰长调转船头，返回距此 250 英里（约 400 千米）的关岛。返程将花费至少 12 个小时，因此你决定睡上一觉。

当你醒来时，发现乘坐的船正要跨越马里亚纳海沟，这是太平洋洋底最深的深渊。和其他海沟一样，马里亚纳海沟的形成是洋底的岩石下陷到地球深部造成的。

你再一次乘坐潜水器下潜了。此时你达到深度 18 000 英尺（约 5 500 米）。计算机屏幕显示，你下方 1 500 英尺（约 450 米）的洋底呈灰白色。之后屏幕开始变暗。数字显示深度提高很快，正在迅速远离平坦洋底。

很快声呐就显示深度达到 25 000 英尺（约 7 600 米）。这里已超过这艘潜水器能到达的深度。但是船长仍然决定要探索一下海沟，在水压达到安全极限时他会停止。

进入超深渊带

进入 20 000 英尺（约 6 000 米）的水下，你就进入叫做"超深渊带"的海层。没几个人到过这深度。你再向下一些，潜水器的灯光照亮了更多的动物。这里有你曾在海山附近看到过的海蛇尾和鼠尾鱼。你还看到一条长相奇特的银鲛，它是鲨鱼的亲戚，长着大大的绿眼睛。这里还有一条奇特的大头鱼，名字叫海狮子鱼。这些动物主要以从海水中沉降下来的各类海洋生物尸体和有机碎屑为生。

当你潜到海面下 22 000 英尺（约 6 700 米）深度时，潜水器内部的水压报警响了起来。你不能再继续下潜了。这里有一些发光的深海鱼，但不太多，因为在深海中觅食是非常困难的。

你穿越海沟，来到海沟的另一端。就在这个位置，海沟大约有 100 英里（约 160 千米）宽。在高速公路上要穿越这个距离需要开车 2 小时，但是潜水器行进则需要更长的时间。这真是漫长的一天，你也看到了不少东西，感觉挺累。船长也感到很累，于是他决定返回海面。回到海面你们将会登上等在那里的军用船。

挑战者深渊

军用船返回了关岛，你又及时地参加马里亚纳海沟最深部分的一次探索。海沟位于关岛西南大约200英里（约320千米）的地方，其最深的地方叫做"挑战者深渊"，这是根据1951年发现海沟的英国皇家海军"挑战者2"号而命名的。

海洋的底部

1960年，美国海军派遣"的里雅斯特"号潜水器深入到挑战者深渊，探测它的深度。潜水器携带了两名工作人员，他们潜入的最深处达到35 813英尺（约10 916米），这个深度是从海平面到海底平均深度的两倍还要多，比陆地山峰的最高点珠穆朗玛峰的高度还要深。

在这个深度，水压达到每平方英寸16 000英磅（约每平方厘米1 125千克）。这就像

"的里雅斯特"号潜水器（左图）
1960年"的里雅斯特"号潜水器成功深入"挑战者深渊"底部后浮上水面，美国海军船员正在竭尽全力对接潜水器工作人员。

日本潜水器的工作人员正在进入深海无光层。

美国海军军用船在黎明前将这艘潜水器放入了水中。你也加入了这次长途下潜。

进入挑战者深渊

在海水中下潜近 7 英里（约 11 千米）用了超过 6 小时。感觉上甚至更长，被禁锢在潜水器的舱内，你就感觉好像宇航员要去登月一样。

终于，仪器显示，你正在接近海沟的底部。潜水器驾驶员减慢了下潜速度，于是你下降得非常缓慢。你听到一声轻微的顿挫声，感觉潜水器已经在海沟底部着陆。现在你就处在地球最深的洞穴中。

你开启外部照明灯光，通过异常厚的窗户向外望去。厚厚的淡棕色淤泥铺在海沟底部，形成一大片你所能看到的平坦的淤泥层。但它并不是完全平坦的，沟底还有山丘、洞鳌和奇怪的凹槽。这些凹槽可能是海参蠕动留下的痕迹。原来，在如此深的海底，依然存在着生命。

在一只指甲上支撑一辆汽车的重量！"的里雅斯特"号潜水器的设计符合承受如此巨大的压力，它是当时唯一能够长时间下潜如此深度的潜水器。不过，这次在关岛也建造了一艘小型潜水器能够下潜到如此深的水下。

任务报告

下潜到深海无光层是一项令人筋疲力尽的工作。它要花费很长时间，而且你必须乘坐一艘狭小逼仄的潜水器才可到达。你可能也不喜欢自己身处水下好几英里的感觉，不过从潜水器的厚窗户望出去总会让你感到这一次下潜是值得的。

在下潜的航程中，你能看到一些令人惊异的鱼类和其他动物，包括那些在黑暗中发光的动物。你之前发现了它们是怎样用敏锐的感觉和发光的技能捕食的，现在你还知道了它们是如何用自己的大嘴和尖牙捕获猎物的。

在北大西洋，你探访了沉没在深海无光层的"泰坦尼克"号的巨大残骸。你了解了它在1912年是如何沉没的，并在之后的上百年中这些残骸又发生了哪些变化。

在热带太平洋海域，你研究了海山和一些生活在洋底的生物。然后你进行了一次去往地球最深处海底的下潜，这真是一次令人惊奇的旅程。

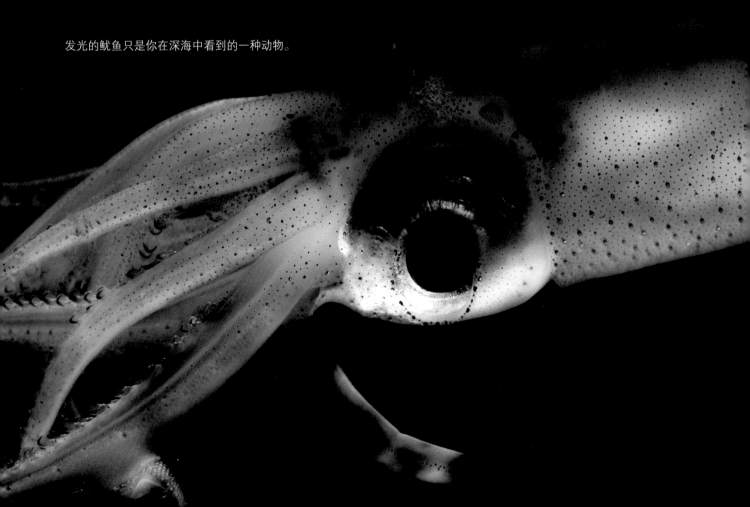

发光的鱿鱼只是你在深海中看到的一种动物。